Bibliografische Information der Deutschen Nationalbibliothek:

Die Deutsche Bibliothek verzeichnet diese Publikation in der Deutschen Nationalbibliografie; detaillierte bibliografische Daten sind im Internet über http://dnb.d-nb.de/ abrufbar.

Impressum:

Druck und Bindung: Books on Demand GmbH, Norderstedt Germany
ISBN: 9783668926202

Dieses Buch bei GRIN:

https://www.grin.com/document/464559

Richard Krauel

"One Belt. One Road" Fallbeispiele in der europäischen Union und neuartige Fernhandelsmöglichkeiten

GRIN Verlag

Ruprecht-Karls-Universität Heidelberg
Institut für Geowissenschaften
Proseminar: „Neue Seidenstraße"
Wintersemester 2017-18

„One Belt – One Road"

Fallbeispiele in der europäischen Union und neuartige Fernhandelsmöglichkeiten

Richard Krauel

Abbildungsverzeichnis

Inhaltsverzeichnis

1. Einleitung

Als der chinesische Präsident Xi Jinping Anfang 2014 in Duisburg den ersten „offiziellen" Güterzug der Yuxinou-Bahnlinie empfing, war die deutsche sowie internationale Presse in großen Zahlen zugegen. Das größte Infrastrukturprojekt der Neuzeit war an diesen Tag nach offiziellen Angaben auch in Deutschland angekommen. Xi Jinping hatte die „One Belt – One Road"- Initiative im September 2013 mit einem ehrgeizigen Vergleich mit der alten Seidenstraße angekündigt. Dies zeigt das geplante Ausmaß des Projektes – ebenso wie die nur für dieses Vorhaben gegründete Bank AIIB mit einem Eigenkapital von circa 100 Mrd. USD, von welchem China alleine fast ein Drittel finanziert. Die restlichen knapp 70% wurden von europäischen sowie asia-tischen Staaten zur Verfügung gestellt. *(VAN DER PUTTEN ET. AL. 2016)*.

Doch viele Projekte, welche nach offiziellen Angaben der chinesischen Regierung nun der „One Belt – One Road"- Initiative (ab hier in kurz OBOR) zugeordnet werden, existierten schon in den Jahren vor der ersten Ankündigung. Inwiefern hat also die OBOR-Initiative die einzelnen und die insgesamte Menge von Infrastrukturprojekten, welche durch chinesische Hand komplett oder zumindest teilfinanziert werden, beeinflusst? Diese Arbeit versucht einen Überblick über die aktuellen Projekte im Rahmen der OBOR-Kampagne in Europa zu geben und dabei zwischen direkten und indirekten Projekten zu differenzieren. Weiterhin wird überprüft, welche deutschen und chinesischen Unternehmen eine Chance in der OBOR-Initiative sehen und diese auch nutzen.

2. „One Belt – One Road" Projekte in Europa

Als grundlegende Aspekte und Ziele der OBOR-Initiative wurden durch die chinesische Regierung drei Key Points hinsichtlich des neuen Fernhandels definiert. So soll als erster Punkt der freie Warenaustausch gesichert werden. Um dies garantieren zu können sollen zweites alle unnötigen Handelsbarrieren fallen. Der dritte Punkt bezieht sich auf die umzusetzenden Infrastrukturmaßnahmen und ist somit die ausführende Variante der ersten beiden Key Points (*ARDUINO 2016*).

Die Einführung der eurasischen Zollunion Anfang 2015 hatte eine hohe Begünstigung für die chinesische Regierung hinsichtlich des zweiten Key Points zur Folge. Mussten Container, welche zumeist aus Zentralchina nach Europa per Zug versendet wurden, zu Beginn der Kampagne noch vier Zollstopps durchlaufen, so konnte durch die neue Zollunion diese Zahl auf die Hälfte reduziert werden. Weiterhin wurden die *outbound-foreign-direct-investments* (kurz OFDI) Chinas in Europa seit 2005 innerhalb von 10 Jahren versiebenfacht. Im Folgenden wird eine Auswahl an Projekten dargestellt, welche in Europa teilweise von diesem Geld finanziert werden.

2.1 Deutschland

Deutschland hat ein sehr positives politisches Verhältnis zu China und erkennt als eines der wenigen europäischen Länder die Chancen für die eigene Wirtschaft, welche das OBOR-Projekt mit sich bringt. Die chinesische Regierung hat dies wahrgenommen und versuchte in der Vergangenheit unteranderem mittels Infoseminaren hinsichtlich der OBOR-Initiative im Auswärtigen Amt die gesamte politische Bandbreite in Deutschland zu erreichen. *(GASPERS ET. AL. 2016)* Mit 4,5 Milliarden USD und somit 4,1% der Stimmen spielt Deutschland außerdem eine wichtige Rolle innerhalb der AIIB, welche einen Großteil der Projekte in Europa finanziert. *(AIIB 2016)*

Im Kontrast dazu beschränken sich die chinesischen Projekte in Deutschland allerdings noch auf ein Minimum. Das größte Engagement findet auf der Ebene der Zugverbindungen statt. Die mit bekannteste Strecke hört auf den Namen „*Yuxinou Railway*" und verläuft aus der zentralchinesischen Stadt Chongqing nach Duisburg.

Wie sich aus der Tabelle allerdings ableiten lässt, handelte es sich hierbei nur um den ersten Zug, welcher unter der Flagge des OBOR-Projektes in Duisburg ankam. Der reguläre Betrieb zwischen den beiden Industriestädten läuft hingegen schon seit 2012. *(GASPERS ET. AL. 2016)*

Railway link	Inception date	Operator(s)	'Belt and Road' (re-)branding
Leipzig-Shenyang	September 2011	DB Schenker	Initiated in 2011 without a 'Silk Road' label; since 2012, presented by the media as an example of Silk Road transport links
'*Yuxinou* Railway' (Duisburg-Chong-qing)	January 2012	*YuXinOu* Logistics Company (Chinese-German-Russian-Kazakh joint venture); Trans Eurasia Logistics	One regular train per week from 2012 onwards; increased frequency to three trains per week in 2014; presented by the operators as a 'Silk Road project' since Chinese President Xi's visit to Duisburg in March 2014
'Trans Eurasia Express' (Hamburg-Zhengzhou)	Regular traffic since July 2013, further extended July 2015	Joint project by DB Schenker and Zhengzhou city, operated by Trans Eurasia Logistics; DHL Freight operation since July 2016	First 'pilot train' was operational in October 2008 (Xiangtang-Hamburg); actively promoted as a 'Silk Road project' by new operator DHL Freight since 2015
Hamburg-Harbin	June 2015	Trans Eurasia Logistics	Promoted under 'New Silk Road' label from its conception
Nurnberg-Chengdu	October 2015	Hellmann Rail Eurasia	Promoted by Hellmann and German media as part of a 'New Iron Silk Road'

Abb. 1: van der Putten et. al.; ETNC Report December 2016; Mercator Institute for China Studies

Von den weiteren vier Strecken sind nur zwei wirklich in der Zeit nach der Ankündigung der OBOR-Initiative entstanden, der Rest war schon davor operativ. Es handelt sich somit bei großen Teilen der OBOR-Projekte in Deutschland um ein Rebranding von alten und somit indirekten Projekten.

2.2 Griechenland

In Griechenland befindet sich das momentan mit Abstand bekannteste OBOR-Projekt in Europa. Die China Ocean Shipping Company (kurz COSCO) investierte seit 2008 insgesamt 1.5 Mrd. € in den Hafen von Piräus. So wurde zunächst 2008 zwischen dem damaligen griechischen Ministerpräsidenten Kostas Karamanlis und Chinas ehemaligen Präsidenten Hu Jintao ein 35-jähriger Pachtvertrag über 820 Mio. € ausgehandelt, welcher 2016 dann in einen Kauf von 51% der Anleihen der Piräus Port Authority erweitert wurde. Das Volumen betrug 280 Mio. € als Sofortzahlung sowie eine Zusage zu weiteren Investments insbesondere im Hafenumland über nochmals 400 Mio. €. *(TONCHEV ET. AL. 2016)* So soll nicht nur die Umschlagkapazität drastisch erhöht werden, sondern auch das Umland mit weiteren Lagerhallen und neuen business-districts für Unternehmen attraktiver gestaltet werden. Der US-amerikanische Computerhersteller Hewlett-Packard war aufgrund einer Kooperation mit COSCO der erste Hersteller, welcher ein eigenen Lagerbereich in Piräus pachtete.

COSCOs Engagement im Hafen von Piräus scheint sehr ambitionierte Ziele zu haben, wie ein Zitat des Vorsitzenden der COSCO verdeutlicht:

„Our goal is to help Piraeus Port become the largest container hub in Europe." (Xu Lirong, COSCO)

2010 betrug die Umschlagkapazität des Hafens von Piräus 880.000 TEU, COSCO schaffte es allerdings diese bis 2014 um 381% auf 3.360.000 TEU (1 TEU entspricht einem Container von 6 Metern Länge) zu steigern. Piräus liegt somit nun auf Platz 8 der größten europäischen Häfen. Im direkten Vergleich dazu schlägt der größte Hafen Europas Rotterdam mit 12.390.000 TEU allerdings nochmals das 3,6-fache um. (*STATISTA 2017*)

Angesichts der attraktiven Lage des Hafens von Piräus könnte dieser Vorsprung allerdings schon sehr bald aufschmelzen. Anhand Abb. 2 kann sehr gut erläutert werden, warum sich die chine-sische Regierung für Piräus als Investitionsstandort entschieden hat. Die kürzeste Seestrecke aus China nach Mitteleuropa führt durch den Suezkanal. Dieser mündet nur circa 560 Seemeilen entfernt von Piräus in das Mittelmeer. Im Vergleich dazu ist Rotterdam noch weitere 4300 Seemeilen von der Mündung des Suezkanals entfernt. Es ist also zum einen mit einer erheblichen Zeitersparnis auf See zu rechnen bis die Güter das europäische Festland erreichen. Weiterhin fungiert Piräus als Tor zu süd- und osteuropäischen Staaten wie der Ukraine, Ungarn, Bosnien-Herzegowina, Kroatien oder Slowenien. Diese Staaten sind von besonderem Interesse für China, da der Markt in diesen Staaten für chinesische Produkte mit einer sich stetig verbessernden Wirtschaftslage erst langsam zu erwachen beginnt und somit im Vergleich zu europäischen Staaten wie Frankreich und Deutschland noch nicht gesättigt ist. *(Tonchev et. al. 2016)*

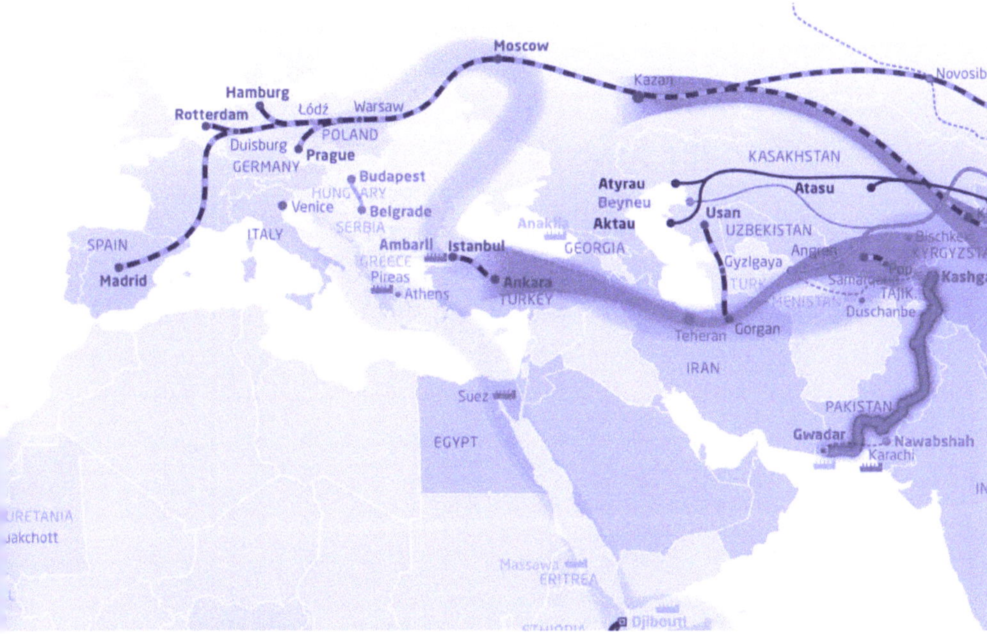

Abb. 2: Ausschnitt aus van der Putten et. al.; ETNC Report December 2016; Mercator Institute for China Studies

Damit die Anbindung an Mitteleuropa trotzdem gewährleistet ist, investiert China in mehrere Schienenprojekte zwischen Griechenland und Österreich, vorrangig in die Erneuerung der Eisenbahnstrecke zwischen Belgrad und Budapest.

2.3 Niederlande

In den Niederlanden gibt es momentan bis auf einige inoffizielle Erweiterungen der *„Yuxinou"*-Bahnlinie keine OBOR-Projekte. Allerdings spielen die Niederlande auch außerhalb des Konkurrenzkampfes um den umschlagkräftigsten Hafens Europas zusätzlich eine weitere wichtige Rolle in Verbindung mit Chinas Außenpolitik. Die Niederlande sind eines der importstärksten europäischen Ländern. Hierbei ist aber ein wichtiger Faktor zu betrachten: 2/3 der Importgüter, welche in den Niederlanden ankommen, befinden sich nur im Transit nach Deutschland und ein sehr großer Teil dieser Güter stammt ursprünglich aus China. *(VAN DER PUTTEN ET. AL. 2016)* Die Niederlande nehmen somit eine wichtige Rolle in der Lieferkette Chinas ein. Sollte es zu Spannungen in den diplomatischen Beziehungen zwischen China und den Niederlanden kommen, könnten diese durch eine beispielsweise Erhöhung der Importzölle Chinas Welthandel empfindlich treffen. Die OBOR-Initiative zielt somit auf eine weitere Stärkung der Unabhängigkeit Chinas vom globalen Handelsnetzwerk. *(VAN DER LEER 2016)* Die Niederlande stellen somit auf der einen Seite zwar einen Konkurrenten, auf der anderen Seite allerdings auch einen wichtigen Partner für China dar.

2.4 Spanien

Spanien stellt mit Madrid den Endpunkt der längsten Bahnstrecke der Welt mit 13.052 Kilometern Länge. Mitunter aus diesem Grund erfährt die OBOR-Initiative eine im Vergleich zu anderen europäischen Ländern eine erhöhte mediale Aufmerksamkeit. *(ESTEBAN ET. AL. 2016)* Die Bahnstrecke fungiert als Verlängerung der *„Yuxinou"*-Strecke auf beiden Seiten: sie startet an der Ostküste Chinas südlich von Shanghai und endet in Madrid. Bis Ende 2016 wurden auf dieser Strecke circa 6000 TEU transportiert, davon 5564 TEU von Yiwu nach Madrid und 366 TEU von Madrid nach Yiwu. *(ESTEBAN ET. AL. 2016)* Dies zeigt das immer noch bestehende starke Ungleichgewicht zwischen den Lieferrichtungen auf. Chinas Hauptmotivation für die OBOR-Initiative besteht zwar darin, eine möglichst unabhängige Lieferinfrastruktur zu haben, allerdings soll auf dem gleichen Weg die chinesische Bevölkerung auch von europäischen Produkten profitieren. (*WADE 2017*) Chinas aufkommende Mittelschicht besitzt einen großen Bedarf an europäischen Agrar- sowie Luxusprodukten. Spanien und weitere EU-Länder sind zudem auch bereit, Agrarprodukte aller Art nach China zu exportieren. Die große Hemmschwelle ist hier allerdings Russland. Nachdem Russland 2014 die Krim annektiert hat, wurden von den USA und der Europäischen Union wirtschaftliche Sanktion gegen Russland auferlegt. Als Reaktion darauf blockt

Russland alle Agrarprodukte aus der Europäischen Union ab. Dies betrifft somit auch Transitgüter, welche die Strecke durch Weißrussland, Russland und Kasachstan in Richtung China nutzen wollen. (*Wade 2017*) Spanien weißt dementsprechend bisher keine großen OBOR-Projekte auf. Sollte das Problem mit europäischen Agrarexporten gelöst werden, wäre ein chinesisches Engagement in Spanien allerdings möglich.

2.5 Ungarn und Serbien

Die Erneuerung der Schienentrasse zwischen Budapest und Belgrad stellt das zweitgrößte sich aktuell im Bau befindende OBOR-Projekt in Europa dar. Hierbei handelt es sich aber genau genommen um ein inoffizielles und somit indirektes Projekt, da dieses nirgendswo in öffentlichen OBOR-Unterlagen erwähnt wird. Der Hintergrund für diesen Bau ist eine bessere Anbindung des Hochseehafens in Piräus mit Mitteleuropa. *Matura* zufolge ist das Vorhaben nicht kritikfrei anzusehen. Die Kosten in Höhe von 1.5 Mrd. € werden zu 85% durch einen Kredit der *Export-Import Bank of China* an Ungarn getragen. Berichten unabhängiger Logistikexperten nach sind die Trassengebühren allerdings so gering festgelegt, dass sich das Projekt für Ungarn erst nach 2400 Jahren rechnen würde. (*Matura et. al. 2016*) Ungarn kann dementsprechend zunächst keine direkten Vorteile aus diesem Bauvorhaben ziehen. Dies könnte sich allerdings durch die beispielhafte Öffnung von special-economic-zones nahe der Bahntrasse ändern, in denen sich Unternehmen aus ganz Europa ansiedeln könnten, um von der neuen Logistikinfrastruktur zu profitieren. (*Americo 2017*)

3. Neuer Fernhandel zwischen Europa und China

Damit das grundsätzliche Vorhaben der chinesischen Regierung, der Ausbau des Fernhandels zwischen China und Europa, auch gelingt, benötigt es die Initiative von chinesischen sowie europäischen Firmen. Erst durch die kommerzielle Nutzung dieser neuen Infrastrukturangebote kann es zu dem gewünschten Wirtschafts- und Handelswachstum kommen. So stellen die Anfänge des Eisenbahnhandels zwischen China und Europa einen bedeutenden Meilenstein dar, welcher im Folgenden dargestellt wird. Zunächst wird allerdings darauf eingegangen, wieso sich der Zug so schnell als Alternative gegenüber dem Flugzeug und Schiffen etablieren konnte.

3.1 Der Zug als Mittelweg

Der Zug fungiert im Kontext der globalen Logistik zwischen China und Europa als Kompromiss neben dem Flugzeug und dem Seeweg.

	Flugzeug	Zug	Schiff
Transportkosten	2,54€/kg	1,53€/kg	0,64€/kg
Transitzeit (Median)	2-3 Tage	2 Wochen	5 Wochen

Abb.3: durchschnittliche Frachtkosten zwischen Chongqing und Duisburg (Quellen: *worldfreightrates.com (19.12.2017) und DB Schenker*)

Wie in der Abbildung 3 zu erkennen ist, liegt der Zug bei den Transportkosten und der Transitzeit jeweils zwischen den anderen beiden Transportmethoden. Somit eignet sich der Schienentransport zum einen nicht für schnell verderbliche Lebensmittel, da der Transportweg zu lange ist. Auf der anderen Seite sind die Transportkosten allerdings für günstige Produkte, welche häufig in großen Mengen bestellt werden, zu teuer. Durch welche Produkte hat sich die Bahn dann also so schnell etabliert? Die Antwort auf diese Frage lässt sich in den Kosten der Inventarhaltung finden. Wenn ein Unternehmen ein Produkt in China produziert und in Europa verkaufen möchte, besteht eine gewisse Zeitspanne zwischen der Aufwendung für die Materialien und dem eingenommenen Erlös. Je länger ein Unternehmen auf den Erlös für die Produkte warten muss, desto geringer ist sein Cashflow und somit die weiteren Investitionsmöglichkeiten. Es ist somit eine möglichst geringe Inventarhaltung anzustreben. Hierbei muss allerdings die Balance zwischen dem Wert der Produkte und den Transportkosten gehalten werden. So lohnt es sich aufgrund der geringen Gewinnmarge nicht, billige Massenartikel per Flugzeug aus China zu verschicken. Computer- und Autoteile hingegen sind die am meisten transportierten Produkte auf den Zugstrecken zwischen China und Europa, da diese weder verderblich oder Luxusgüter sind, für welche sich ein Flugversand lohnen würde. Hewlett-Packard als Computerhersteller gilt als Begründer dieser Transportmethode und wird im Folgenden genauer dargestellt.

3.2 Anfänge durch Foxconn und Hewlett-Packard

Hewlett-Packards Hauptproduktionsstandorte lagen in der Mitte der 2000er Jahre wie bei vielen anderen Unternehmen an der Ostküste Chinas. Da dort aufgrund Chinas Wirtschafswachstums die Löhne im internen Vergleich immer teurer wurden, entschied sich Hewlett-Packard (ab hier kurz HP) 2009 im Rahmen der GO-WEST Strategie der chinesischen Regierung alle Produktionsstandorte nach Chongqing in das Inland Chinas umzusiedeln. China verfolgte mit dieser Politik eine Aufwertung der bis dato eher unentwickelten binnenländischen Städte und benutzt Steuervorteile als Pull-Faktor.

Durch diesen Schritt spart HP zwar erhebliche Summen im Bereich der Lohn- und Steuerkosten, allerdings wurden die Transportwege und somit auch die Kosten deutlich länger beziehungsweise teurer. *(Wade 2017)* Die Produkte mussten nun zunächst mehr als 1600 Kilometer per LKW an die Küste zu Chinas Hochseehäfen transportiert werden. Dies bedeutete eine Verlängerung der Transitzeit um mindestens zwei weitere Tage. Zur selben Zeit zwangen die steigenden Ölpreise die großen Reedereien zu langsameren Fahrtgeschwindigkeiten, um Brennstoff einsparen zu können (dem sogenannten „slowsteaming"). Dies sorgte für Transportzeiten von der Fabrik bis zum Händler von mehr als sechs Wochen. (*Wade 2016*)

Der damalige Cheflogistiker von HP, Ronald Kleijwegt, wurde daher beauftragt, eine neue, schnelle sowie kostengünstige Transportmethode von Chongqing nach Europa zu finden. Kleijwegt hatte in den Jahren zuvor bei dem chinesischen Großhersteller Hon Hai Industry (besser bekannt unter Foxconn) bereits erste Erfahrungen mit der neuen Transportmethode gemacht. Die ersten Testzüge wurden im Auftrag von Foxconn schon Anfang 2008 durch die Mongolei geleitet. Hier kam es allerdings gleich zu mehreren Problemen. Zunächst benötigte die Zollabfertigung auf mongolischer Seite unverhältnismäßig lange, was die Transitzeit im Vergleich zum Schiff unattraktiv machte. Weiterhin kam es immer häufiger zu Diebstählen. So wurde testweise ein unverschlossener Container mit 200 Computern über die Mongolei verschickt, wovon allerdings nur 86 Stück nach knapp drei Wochen in Polen eintrafen. (*Wade 2016*) Nachdem die Mongolei im Anschluss auch die Transitkosten verdoppelte, wurde nach einer besseren Alternative gesucht. Eine mögliche und auch noch heute genutzte Streckenführung fand sich in der Transsibirischen Eisenbahn. Hierbei werden die Züge über die nördlichste chinesische Provinz Heilongjiang geleitet um anschließend auf die Transsibirische Eisenbahn treffen. Somit kann die Mongolei umgangen und ein bereits bestehendes Schienennetz benutzt werden. Aufgrund von

HPs Standort im Westen Chinas dauert aber auch diese Route zu lange. Kleijwegt entwickelte daraufhin die heute am bekannteste Route durch Kasachstan, Russland und Weißrussland.

Abb.4: die drei wichtigsten Zugstrecken zwischen China und Europa (Quelle: By Pechristener - Own work, map was created using Open Street Map, CC BY-SA 2.0, https://commons.wikimedia.org/w/index.php?curid=37637614)

In der Abbildung 4 ist diese zunächst in Rot gekennzeichnet, bis der Verlauf sich ebenfalls mit der Transsibirischen Eisenbahn deckt. Durch extra mit den Regierungen ausgehandelte Abkommen konnte ein zuverlässiger und schneller Regelbetrieb mit zunächst einem Zug aufgebaut werden, welcher bei Bedarf auf bis zu drei Abfahrten pro Woche ausgeweitete werden konnte. Die Züge werden in Kasachstan als Personenzug deklariert, was einen vorrangigen Verkehr auch tagsüber möglich macht. (*Bradsher 2013*) Spätestens mit der 2015 in Kraft getretenen eurasischen Zollunion konnte sich diese Route als Standard durchsetzen. Hierbei konnten die Zollkontrollen auf die Hälfte reduziert werden. Somit müssen die Container nur noch an der kasachischen und polnischen (EU)-Grenze kontrolliert werden, was die Stabilität und Zuverlässigkeit der Route weiter verbessert. Um gegenüber anderen Firmen einen Wettbewerbsvorteil zu besitzen, entschied sich HP dazu die Züge vorerst exklusiv zu benutzen. Da allerdings weitere in China produzierende Unternehmen Maßnahmen ergriffen, ein ähnliches Vorhaben umzusetzen, wurden die Züge Anfang 2013 durch HP zunächst für Geschäftspartner und ein Jahr später für jegliche logistischen Aktivitäten geöffnet. (*Wade 2016*)

3.3 Regulärer Betrieb der Zugverbindung

Als Reaktion auf Hewlett-Packards Erfolg entschieden sich viele Unternehmen, die neue Transportmethode in den immer häufiger zu findenden just-in-time Produktionszyklus einzubinden. Da die Autoindustrie fast ausschließlich auf diese Produktionsmethode setzt war es zu erwarten, dass sich viele europäische Autohersteller für ihre chinesischen Produktionsstätten auf die Bahn fokussieren: so setzt BMW in Kombination mit der DB Schenker schon seit 2011 auf Züge für einen Teil der Lieferungen zwischen den Werken in Leipzig und Shenyang, welches im Nordosten von China liegt. Hierbei handelt es sich zum Großteil um fertige Motoren, welche im letzten Fertigungsschritt in Shenyang eingebaut werden. Die fertigen Autos sind für den chinesischen Markt bestimmt. BMW gibt die durchschnittliche Transitzeit mit 23 Tagen an, was etwa doppelt so schnell ist wie das Schiff. (*Verkehrsrundschau 2011*) Der sich seit kurzem in chinesischem Besitz befindliche und ehemals schwedische Hersteller Volvo nutzt seit kurzem ebenso die Bahn als Transportmittel. Es handelt sich hierbei aber im Vergleich zu BMW um die Gegenrichtung: einmal pro Woche verlässt ein mit 225 fertigen Autos beladener Zug die Stadt Daqing im Norden Chinas in Richtung Europa. Volvo gibt an, dass die Transportzeiten um bis zu zwei Drittel kürzer sein sollen im Vergleich zum traditionellen Seeweg. (*Eurotransport 2017*) Als wichtigstes Logistikunternehmen auf dieser Strecke konnte sich die Trans Eurasia Logistics (TEL) etablieren. Das als Joint Venture zwischen der DB und russischen Staatbahn sowie zwei weiteren kleinen Anteilseignern gegründete Unternehmen setzte das von HP und Foxconn ins Leben gerufene Konzept mit einer auf die Automobilbranche ausgerichteten Spezialisierung um. Als wichtigster Faktor für den Erfolg der TEL gilt die sehr hohe Ausnutzung der Blockzüge in beide Richtungen. Wie im ersten Teil dieser Arbeit beschrieben, leidet das Eisenbahnprojekt bisher unter einer sehr einseitigen Auslastung der Transportkapazitäten. Viele Unternehmen müssen ihre Container leer bis nach China zurücklaufen lassen, teilweise werden diese sogar einfach am Bestimmungsort verkauft. (*Wade 2016*) Die TEL hingegen bietet aktuell mehr als 30 Ziele in Europa und eine zweistellige Zahl in China an. Um eine hohe Auslastung zu garantieren, wurden auf der Strecke zwischen China und Europa viele Zwischenstopps eingerichtete, an welchen die Züge neu zusammengestellt werden. Es ist somit möglich, dass im selben Zug einige Container von Duisburg nach Chongqing und weitere nur von Łódź nach Astana transportiert werden. (*Railways 2015*) Als weiteres kurzes Beispiel der kommerziellen Nutzung diese Strecke bietet sich der Elektronikhändler Gearbest an. Gearbest ist auf die Vermarktung chinesischer Elektronik in Europa und den USA fokussiert und bietet seit Anfang 2018 die Transportmethode „Railway Express" ab Chengdu an. Diese ist insgesamt günstiger und inklusive der Zollabhandlungen nur geringfügig langsamer als der Flugversand. (vgl. gearbest.com)

3.4 Leere Züge zurück?

Trotz der Anstrengungen chinesischer sowie europäischer Firmen ist die größte Herausforderung für das Eisenbahnprojekt eine gleichmäßige Nutzung in beide Richtungen. Waren Anfang 2011 neun von zehn Zügen in Richtung China Leerfahrten, konnte immerhin eine teilweise Auslastung gesichert werden. Ein Großteil davon geht auf Automobilhersteller wie BMW und Volvo zurück. Ebenso hat Land Rover Interesse gezeigt, eine regelmäßige Verbindung von London nach Yiwu aufzubauen. (*WADE 2017*) Doch auch die immer weiterwachsende chinesische Mittelschicht stellt einen Markt dar, welcher durch die Zugverbindungen bedient werden kann. Dabei handelt es sich hauptsächlich um hochpreisige Lebensmittel oder luxuriöse Möbel, welche aufgrund spezieller Lagerbedingungen oder extremer Sperrigkeit nicht auf das Flugzeug ausgelagert werden können. Firmen aus Spanien und Italien verschicken seit Anfang 2017 Wein sowie hochwertigen Serrano-Schinken per Eisenbahn. Als Herausforderung für die Logistiker stellte sich hierbei aber die kasachische Steppe heraus: innerhalb der Container wurden auf der Strecke von Europa nach China Temperaturschwankungen von -20°C bis +55°C gemessen. Damit die Qualität der Lebensmittel nicht leidet müssen somit speziell ummantelte Container eingesetzt werden. Dies erhöht zwar die Transportkosten, allerdings ist die chinesische Bevölkerung trotzdem bereit diese Preiserhöhung für eine im Vergleich zum Seeweg doppelt so schnelle Lieferung zu zahlen. (*WADE 2017; BRADSHER 2013*)

Der größte Faktor für eine einseitige Auslastung der Züge hingegen ist Russland, wie auf Seite 7 dargelegt. Da aufgrund des Bevölkerungswachstums der Bedarf Chinas an einfachen Agrarprodukten stark gestiegen ist und die europäischen Staaten auch in der Lage sind, einen großen Teil dieses Bedarfs zu decken, sollte die Auslastung der Züge deutlich höher liegen als aktuell. Der russische Stopp betrifft allerdings auch Transitgüter, welche die Strecke durch Weißrussland, Russland und Kasachstan nutzen wollen. (*VAN DER PUTTEN ET. AL. 2016*) Unteranderem als Reaktion hierauf hat DHL Ende 2015 begonnen eine mögliche vierte Route zu entwickeln. Diese führt zunächst ebenfalls durch Kasachstan, verläuft dann aber über Baku bis nach Istanbul und umgeht somit Russland. (*DHL 2015*)

4. Fazit

Wird das Vorhaben Chinas nur bis zum heutigen Tag betrachtet, ist die Bilanz der „One Belt – One Road"-Projekte in Europa ernüchternd. So existierten die meisten der, relativ zum mittelasiatischem Raum gesehenen wenigen, Bauvorhaben schon vor der offiziellen Ankündigung der OBOR-Initiative. Seitdem sind auch nur wenige bis keine dazu gekommen. Dass diese Investitionen allerdings nicht schon damals dem OBOR-Plan folgten ist hingegen nicht auszuschließen, sondern vielmehr sogar anzunehmen. Die chinesische Politik ist in der Vergangenheit dafür bekannt geworden, häufig Projekte zu beschließen, dessen Ergebnisse erst in mehreren Dekaden sichtbar werden. Ebenso wird es dem Projekt der neuen Seidenstraße ergehen, dessen offizielle Fertigstellung für 2050 vorgesehen ist – passend zum 100-Jährigen Jubiläum der Volksrepublik im Jahre 2049. Dementsprechend ist zu erwarten, dass die Investitionen Chinas in Europa weiter ausgeweitet werden. Da Europa allerdings nur das Liefergebiet und nicht die eigentlich auszubauende Transportstrecke darstellt, muss zunächst die Entwicklung der Infrastrukturmaßnahmen in Ländern wie Kasachstan, Usbekistan, Turkmenistan oder Aserbaidschan abgewartet werden.

Das Engagement von chinesischen sowie europäischen Unternehmen ist hingegen als deutlich positiv anzusehen. Das Angebot an von Logistikern hinsichtlich der Zugverbindungen zwischen Europa und China hat sich von 2014 bis 2016 mehr als verfünffacht. (*Wade 2017*) Große sowie kleine Unternehmen setzen auf die Eisenbahn um Produkte, welche von einer schnelleren Transportzeit aber nicht allzu hohen Transportkosten profitieren, von China nach Europa und neuerdings auch in die Gegenrichtung zu transportieren. Einer deutlichen Expansion dieses Projektes stehen allerdings noch politische Maßnahmen wie die russischen Restriktionen im Weg.

Literaturverzeichnis

AMERICO, A. ET. AL. (2017): Silk road bottom-up: regional perspectives on the „Belt and Road Initiative"; Stiftung Asienhaus; Mercator Institute for China Studies; 2017

ARDUINO, A (2016): Has the European Union missed the train?; RSIS Policy Report 2016

BRADSHER, K. (2013): Hauling new treasure along the silk road; The New York Times; http://www.nytimes.com/2013/07/21/business/global/hauling-new-treasure-along-the-silk-road.html?pagewanted=all (letzter Besuch 22. Februar 2018)

DHL (2015): DHL lays tracks for new Silk Road with China-Turkey rail corridor; http://www.cn.dhl.com/en/press/releases/releases_2015/local/121715.html (letzter Besuch 26. Februar 2018)

EUROTRANSPORT (2017): Autos reisen per Zug von China nach Europa; https://www.eurotransport.de/news/volvo-autos-reisen-per-zug-von-china-nach-europa-8988540.html (letzter Besuch 25. Februar 2018)

GASPERS, VAN DER PUTTEN, TONCHEV, ESTEBAN, M., MATURA, T., ET. AL. (2016): Europe and China's new Silk Roads; ETNC Report December 2016; Mercator Institute for China Studies; 2016

TRANS EURASIA LOGISTICS (2015): Netzwerke zwischen den Kontinenten; Railways Magazin 03/15

STATISTA (2016): PortEconomics, Größte Häfen in Europa nach Containerumschlag im Jahr 2016 (in Millionen TEU), Statista, https://de.statista.com/statistik/daten/studie/255147/umfrage/haefen-in-europa-nach-containerumschlag/ (letzter Besuch 18. Februar 2018).

VAN DER LEER, Y.; YAU, J. (2016): Chinas new silk route: The long and winding road; PwC's Growth Markets Centre; 2016

VERKEHRSRUNDSCHAU (2011): DB Schenker startet Schienenverkehr nach China, https://www.verkehrsrundschau.de/nachrichten/db-schenker-startet-schienenverkehr-nach-china-1070310.html (letzter Besuch 23. Februar 2018)

WADE, S. (2016): How those China-Europe „Silk Road" Trains first began, Forbes magazin, https://www.forbes.com/sites/wadeshepard/2016/06/29/the-story-of-how-those-china-europe-silk-road-trains-first-began/#472d39c91734 (letzter Besuch 20. Februar 2018)

WADE, S. (2017): These 8 companies are bringing the „new silk road" to life, Forbes magazin, https://www.forbes.com/sites/wadeshepard/2017/03/12/8-new-silk-road-companies-that-you-can-invest-in/#5e809a4b4db9 (letzter Besuch 20. Februar 2018)

WADE, S. (2017): How European Wine Is Now Going To China Aboard Silk Road Trains, Forbes magazin, https://www.forbes.com/sites/wadeshepard/2017/07/23/europe-on-the-new-silk-road-european-wine-can-now-be-shipped-to-china-by-rail/#784ca3e84a8c (letzter Besuch 20. Februar 2018)

Wade, S. (2017): London links deeper into the new silk road, Forbes magazin, https://www.forbes.com/sites/wadeshepard/2017/04/13/london-links-deeper-into-the-new-silk-road-with-new-direct-train-to-china/#5ffc52445263 (letzter Besuch 26. Februar 2018)